哎呀，太像了！

贺 洁 薛 晨◎著 哐当哐当工作室◎绘

学会分类

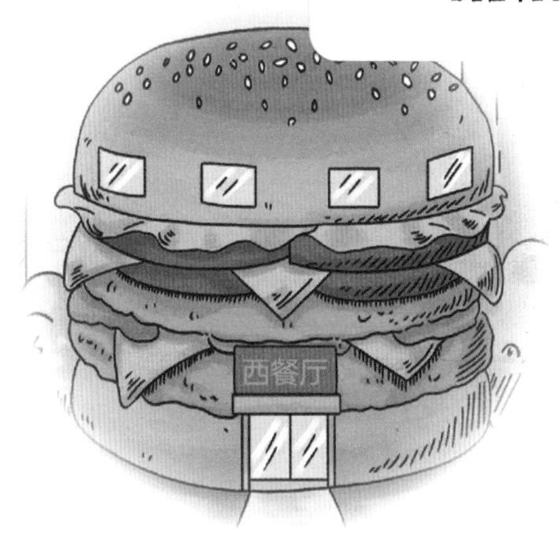

北京科学技术出版社

鼠宝贝们居住的城市将要举办世界动物运动会。参加本次运动会的运动员们都将住在运动员村。

说起运动员村，负责建设运动员村的跳跳鼠村长遇到了一大堆麻烦事。于是他邀请自己的朋友——鼠老师帮忙。

鼠老师带着鼠宝贝们一起来到了运动员村。跳跳鼠村长正站在大门口等着他们呢。

运动员村的大门真特别。

鼠老师忍不住要考考鼠宝贝们：“你们猜猜，这里为什么有三种高度的大门呢？”

“一定是为了看起来更漂亮！”美丽鼠抢答道。

倒霉鼠边晃脑袋边说：“可能是第一次修的门太矮，第二次修的门又太高，最后才修了中间这样不高不矮的门！”

学霸鼠嘟囔着：“今天没带尺子，要不然就能画张图看看了……”

“为了避免拥挤，设计不同高度的门方便不同身高的运动员进出。”跳跳鼠村长听了鼠宝贝们的话，笑着说出了答案。

接着，他带着鼠老师和鼠宝贝们从最矮的门走了进去。

跳跳鼠村长先带大家来到运动员公寓。现在，大楼表面还是灰色的。跳跳鼠村长皱着眉头问道：“你们觉得把公寓刷成什么颜色好呢？”

“想一想彩虹的颜色，赤橙黄绿青蓝紫。”鼠老师说。

鼠宝贝们想象着眼前的大楼披上像彩虹一样漂亮的衣服……

“那样会不会看起来很乱？”跳跳鼠村长有些怀疑。

“我们给不同运动员住的公寓涂上不同的颜色，就是为了让运动员更容易找到自己的宿舍。”鼠老师说。

“不同的比赛项目会让人联想到不同的颜色，比如看到冰雪会想到白色，看到水会想到蓝色，看到草坪会想到绿色……”鼠老师娓娓道来。

“所以，可以让参加冰雪项目的运动员住进白色公寓，让参加水上项目的运动员住进蓝色公寓，让参加田径项目的运动员住进绿色公寓……对不对？”捣蛋鼠说。

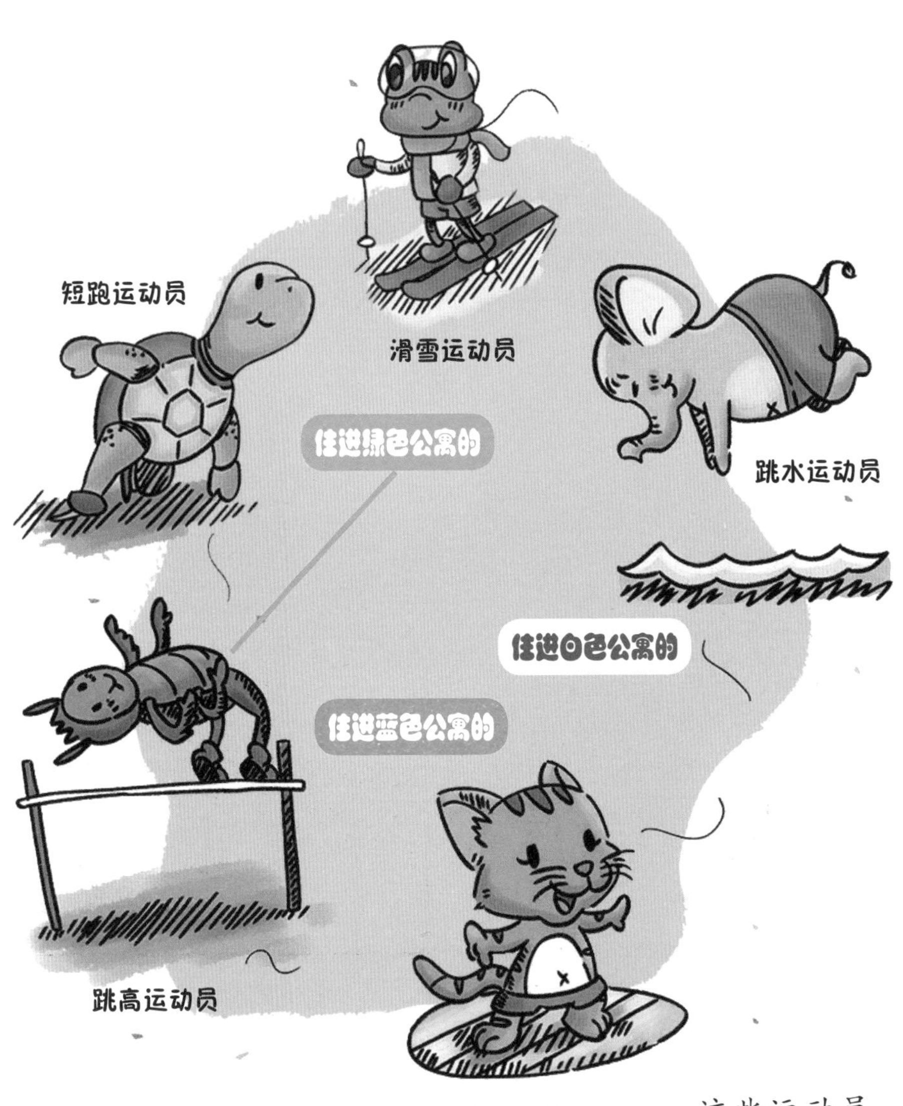

这些运动员要住进哪种颜色的公寓呢？

接下来，跳跳鼠村长带大家来到餐饮区。这里有三栋大楼：一栋提供自助餐，另一栋提供西餐，还有一栋是家庭餐厅，运动员可以自己动手做饭。

和运动员公寓的问题一样，餐饮区的三栋大楼从外观上看太相似了，很难区分。

“唉，别说运动员了，连工作人员都可能走错，这可怎么办呢？”跳跳鼠村长懊恼地说。

说到和吃有关的事情，懒惰鼠来了精神。

懒惰鼠讨厌找餐厅时走错路。哪怕多走一步，他都不愿意。

“最好一看到餐厅大楼的外观，就能猜出餐厅里面有什么好吃的。”懒惰鼠提出自己的建议。

“那就在自助餐厅的大楼顶上装饰一个大盘子吧！因为吃自助餐需要很多盘子！”捣蛋鼠最喜欢自助餐，激动地说。

勇气鼠灵机一动：“把西餐厅的大楼装饰成一个大汉堡的样子吧，这样肯定受欢迎！”

“来到家庭餐厅的人可以自己当厨师，所以家庭餐厅的大楼可以装饰成厨师帽！”这是学霸鼠的创意。

“这些想法太棒了！”跳跳鼠村长高兴得跳了起来。

鼠老师还有妙招：“关于餐厅里的桌子，我建议靠墙放的设计成长条状，可以坐单人；双人的设计成正方形；三人的设计成三角形；四人的设计成长方形；五人或五人以上的设计成圆形。”

临走前，跳跳鼠村长给每个鼠宝贝送了一个幸运手环。有了它，大家以后就可以在运动员村的餐厅用餐了。懒惰鼠别提多开心了！但最高兴的还是跳跳鼠村长，因为今天他解决了好几个难题！

一起来分类

第13页的答案

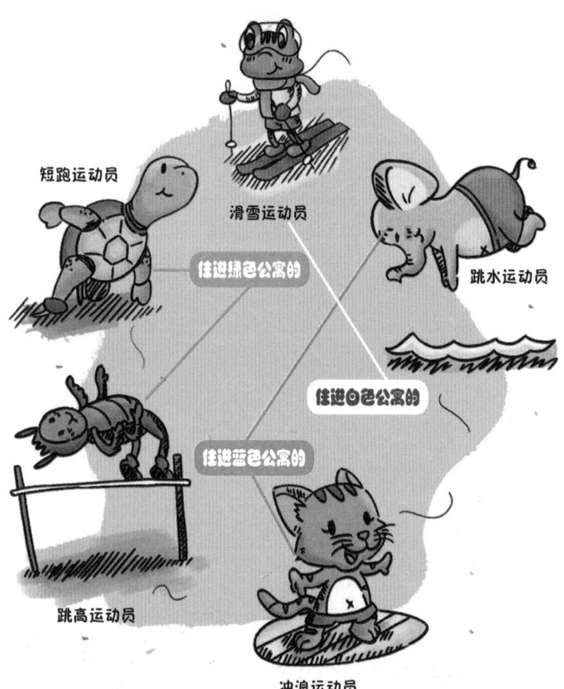

整理房间

学习完分类后，试着整理一下自己的房间吧！